动物园里的朋友们

（第二辑）

我是驼鹿

［俄］纳·洛谢娃 / 文

［俄］索·别斯图热娃 / 图

刘昱 / 译

江西美术出版社

全国百佳出版单位

我是谁？

　　我是森林的主人，聪明伶俐，力量强大。有人叫我驼鹿，有人叫我犴。我的毛色亮丽，呈黄褐色，厚厚的，十分温暖。只有当阳光穿过9月的薄雾，将森林照耀得五彩缤纷时，此时的美景才能与我媲美。

驼鹿的尾巴很短，一般为 **7~12厘米**。

我们驼鹿身材魁梧，肌肉发达，力量很大。我的女朋友和我的肩高差不多——1.8米左右，但我的体重却比她重100千克。我们雄驼鹿的体重一般能到400多千克，有时候甚至超过600千克，你能想象吗？6~7个成年人的体重加起来才和我差不多重，我是森林的主人！

2头刚出生的驼鹿宝宝加起来已经比你重了。

北美驼鹿体型较大，
欧亚驼鹿体型较小。

世界上近一半的欧亚驼鹿生活在
俄罗斯，大约**750 000**头。

我们的居住地

　　我们身体强壮，喜欢新鲜的空气和凉爽的天气。

　　我们生活在欧洲许多国家，还有亚洲蒙古国的北部和中国北方。我们还可以在冻土带、大草原、森林里居住，或者在湖边、河边的茂密柳树林里居住。没错，我十分浪漫！我喜欢下到清澈凉爽的水中，让水没到胸前，观察泛起的朵朵涟漪，或在日落时分惬意地嚼着树叶。冬天，我整日都在散步，快乐极了。但我有一个缺点：我的体温上升很快，降下来却很慢。

北

南

5

我们的毛发

　　你一眼就能看出，我是一个时髦的家伙。首先，我们驼鹿的颜色各不相同，有些颜色较深，有些颜色较浅；其次，我的皮肤可以根据季节不同而改变颜色。驼鹿宝宝刚出生 4 个月时穿着一件红褐色的皮大衣，背部有深色条纹。你肯定会对我的毛赞不绝口！这并不奇怪，还有谁自带这种豪华美丽的奢侈品呢？我的毛专为北方高纬度地区打造：又粗又厚，像波浪一样卷卷的。冬天毛长得更长——可达 10 厘米，脖颈处还长着一整圈鬃毛。我还有浓密的胡子！最坚硬的毛当然长在蹄子上，它们无畏严寒，连冰面也不怕。

驼鹿喉咙下柔软的突起
部分被称为"颌囊"。

驼鹿脖子上的毛有

我们的犄角

我的犄角十分有力，弯弯曲曲，像树杈一样优雅地伸展！它们是我的骄傲！我的角看起来像犁——一种古老的耕地工具，而且很强大。我的角是世界上所有角中长得最快的：一天长2厘米！当然，它不仅仅是一种装饰，还是我的武器和声音反射器！在角的帮助下，我可以听得更清楚！因此，我真的不需要敏锐的视力。我的脑袋很大，和这对美丽的犄角王冠很相配。

3岁大时，驼鹿的犄角开始分叉。

春天，驼鹿会长出新的犄角，它们每年脱换一次。

我们的弱点

我的尾巴很短，我不需要长尾巴。

但我需要巨大的耳朵。你知道我能用耳朵做什么吗？通过转动耳朵，我可以确定声音的来源！

然而，我有一个弱点——鼻子十分敏感、脆弱。有些狼知道了这一点，想抓住我的鼻孔，让我疼昏过去。但是，他们很难跳到我鼻子那么高的地方。

人们有时会天真地认为，我呆头呆脑的，十分和善。这倒不假。但最好不要让我生气，尤其是当你靠近我们的孩子时，我会十分紧张，可能会把你的车弄坏。这当然不是因为我坏，我只是担忧孩子的安全。

驼鹿可以听见 3 千米外另一头驼鹿的叫声。

驼鹿妹妹的蹄子
比驼鹿弟弟的长一些。

我们的腿脚

现在来看看我的腿：修长苗条，充满力量！我可以跨过雪坑，迈过倒下的树木，越过森林里1米高的雪堆也毫无压力。有了这4条腿，我可以飞速奔跑，速度能达到每小时55千米，就像疾驰的汽车！我的蹄子同样不寻常：脚掌很宽，但从前向后逐渐变小，这意味着我可以战胜沼泽地以及对抗敌人。如果熊和狼攻击我，我就用蹄子回击他们——战无不胜。我的犄角和蹄子就是如此独特！

驼鹿迈一步的距离为

50~120 厘米。

我们爱游泳

　　我非常喜欢游泳！我是游泳健将！因为我特别强壮，而且我的毛也十分给力，不会让我因为变得湿重而沉底，而是帮助我浮在水面上。这是因为我的毛的结构很特别——里面是空心的。这个空腔里充满了空气，就好像我周围有成千上万个微型救生圈。所以，如果你在森林里遇见我，而且把我惹恼了——不要躲在河里或湖里。水可没法阻挡我。水是我的快乐之源！我待在凉爽的水里舒服极了。春天，我可以在冰未融化的河里游泳；夏天，我在水里乘凉，同时也可以躲避讨厌的黑蝇。冬天，心情好时，我喜欢奔跑着冲进河里，冰渣四溅，银光闪烁，就像十万面镜子一同闪闪发亮。我已经告诉过你了，我喜欢浪漫……

驼鹿可以屏住呼吸30秒。

14

驼鹿可以潜到6米深的地方。

我们的食物

　　我们不吃肉，有这么多的草、苔藓、树枝和针叶，为什么还要吃肉呢？我们的菜单品种多样，十分健康，有小草、小花、嫩树皮、树木和灌木的嫩芽。我还可以吃苔藓或地衣，有时我也吃蘑菇。我吃得很多，以此来获得力量！在冬天，我们每天要吃 15 千克的树皮或者针叶，夏天要吃 35 千克。我喜欢新鲜多汁的食物，因此我一直寻找刚长出来的植物。我喜欢花，还有各种树——柳树或者桦树的新鲜的嫩芽，用来作为甜点再好不过了。为了让犄角和蹄子正常生长，我需要矿物质，特别是钠。因此，我在沼泽地里寻找特殊的草，或者在盐碱地里品尝鲜美的咸水。我甚至还通过舔石头来获得盐分——非常健康可口。

野生驼鹿可以活 10~15 年，圈养的驼鹿可以活 25 年。

睡前，驼鹿会先迎风走，
而后返回，以探查
是否有危险。

冬天，驼鹿晚上睡觉，
凌晨3点起来进食。

我们睡觉的地方

　　我们身强体壮，不需要柔软的羽毛床和舒适的洞穴。你看见过和驼鹿差不多大的洞吗？所以，夏天我们睡在地上，结束了白天漫长的行走，美美地睡上一觉。冬天，大自然创造了舒适的条件，让我可以卧在雪堆里睡觉。由于我的体温很高，雪开始融化，在我周围形成椭圆形的床，和我的体型相称。你可以把它想象成一个巨大的盆，四周结满了冰。如果你来到我旁边，可能发现不了我，因为你只能看见我的后背，那上面覆盖着长长的毛。但我的大耳朵会露出雪堆，那无法隐藏。

我们的驼鹿宝宝

　　驼鹿宝宝通常是单独出生的，有时驼鹿妈妈也会一胎生2头。刚出生时，驼鹿宝宝小小的，毛是红褐色的，没有斑点。第一周，驼鹿妈妈自己出去找食物，驼鹿宝宝则藏在草丛和灌木丛中等待妈妈。再过了几天，驼鹿宝宝能够站起来自由活动，就会跟妈妈一起出去。1个月大时，驼鹿宝宝就可以吃嫩树叶了。我还记得第一次接触树枝的感觉，和用嘴从小桦树、小山杨上撕下叶子时那份激动的心情！当我再长大一些，就学会了折下高处的树枝。我们不太容易吃到草，因为我们的腿很长，不容易弯曲，吃草时必须跪下来。

　　妈妈的奶又香又浓，十分有营养，而且整整一周都不会变酸！因为她的奶对细菌有特殊的抵抗力。驼鹿宝宝1天只喝2升奶。

驼鹿奶的脂肪含量是牛奶的4倍。

驼鹿 **2~4** 岁时成年。

2 升奶

我们的天敌

　　即使是像我们这样强壮的动物，在野外也应时刻保持警惕。我们有很多敌人：猞猁、熊、狼……还有人类。当然，没有动物会冒险单独攻击我们。拿狼来说吧，头狼会率领狼群，计划周密地攻击我们——他们不会从前面向我们冲过来，而是从后面攻击我们。当然，我们会反击，用我们的蹄子让狼滚下山坡。熊不会冒险攻击成年驼鹿，但驼鹿宝宝却是非常不错的猎物。不过，勇敢的驼鹿妈妈会保护她的后代。有时，驼鹿妈妈会用前蹄攻击入侵的熊。但对我来说，最阴险的敌人是——偷猎者，他们随身带着枪。幸好还有善良的护林员和警察帮助我们，他们尊重我们，从不欺负我们。

公路和汽车对驼鹿来说很危险。

持有专门的文件和许可证的人
才可以在每年固定的
时间里捕驯鹿。

23

关于我们的神话传说

在古老的岩壁上和破旧的石棺中，你可以看到我们祖先的肖像。北方人非常崇拜我们驼鹿。传说，在一个冬天，我的曾曾祖父赫格兰偷走了太阳，冲进天上的大森林，把太阳洒在银河里。当然，我知道这只是个神话传说。勇敢的印第安人告诉他们的孩子，是勇敢的驼鹿给人们带来了火和温暖。这个故事听起来很像真的！

瑞典的考古工作者发现，在北欧，人们6000年前就开始猎捕驼鹿。与我们驼鹿斗争可并不容易，有时我们会打败他们！因此，人们决定和我们做朋友，并且在很长一段时间内都想要驯化我们，想把我们领进洞穴，喂养并照顾我们。岩壁上的画证明了这点！

古老的童话里，驼鹿的犄角被比作太阳光。

大熊座在古时候被称为驼鹿座。

你知道吗？

很久以前，人们就想利用**驼鹿的力量！**

第一头家养驼鹿大约出现在 10 000 年前，那时的人们利用驼鹿来运送货物。大约 200 年前，在阿拉斯加州，驼鹿被用来运送淘金者；瑞典人用驼鹿担任信使；芬兰人用驼鹿运送猎人；俄罗斯人用驼鹿运送干草和其他商品。

在瑞典，人们想让驼鹿在各个村庄派发

信件，但不知道为什么，

 驼鹿们并不愿意。

400 多年前，还是在瑞典，查理九世国王在位时，驼鹿还曾在军队服役。但独立的驼鹿决定不帮助交战的任何一方。因此，在第一声枪响后，它们迅速逃离了战场。

那时，警察也把驼鹿当作交通工具，

这样一来，即使坏人逃到森林里，

警察也能抓住他们。

驼鹿能够穿越沼泽，但人、

马和车都不行。

1949 年，俄罗斯的

伯朝拉·伊里奇自然保护区

建立了第一家驼鹿农场。

在这里，你可以用奶瓶给驼鹿宝宝喂奶。只有你从驼鹿婴儿期就开始（出生1~3天）给它喂奶，才有可能驯化它。驼鹿宝宝很快就会熟悉喂养它的人，跟着他跑，一生都听他的话。一个星期大的驼鹿宝宝就很难驯化了，它将保持野性。

有一次，一头一岁大的母驼鹿从伯朝拉·伊里奇驼鹿农场跑了出去，回到了大自然，生活在大森林里。两年之后，它遇到了小时候喂养它的人，听到了他的声音，于是，它穿过雪堆向他飞奔过去，先闻了闻他的脸和手，然后把鼻子伸进了他的口袋里——以前，那里藏了很多好吃的。

这头母驼鹿在离农场 **10**

千米外的森林里生活，两年过去了，

它仍然不具备野性。

在农场里，人们不仅训练驼鹿运输货物，还会收集驼鹿产的奶，因为驼鹿奶非常有营养。鹿角和鹿茸也是好东西，它们含有一些特殊物质，可以制作成治病的药物。

一头驼鹿可以拉动

400 千克的雪橇，

并能拖动一小段距离。

驼鹿可以运送人和货物，承重可达 120 千克。夏天，驼鹿只在晚上工作，因为白天它们会感觉很热，甚至可能因此生病。但在冬天，驼鹿可以工作一整天。

为了不让驼鹿走失，人们给它们戴上了配有电子定位仪的项圈。

该电子定位仪记录并每半小时向人们传送一次驼鹿的位置。电子定位仪装有小电池，两周换一次。有了它，饲养员就能知道哪头驼鹿待在家里，哪头出去散步了。

在伯朝拉·伊里奇驼鹿农场

生活着 **20** 头驼鹿。

你知道世界上最环保的纸是怎么生产出来的吗？来自驼鹿！嗯，不是完全来自驼鹿，而是来自它们产生的废物：它们只吃树木和植物，这意味着它们的粪便全是纤维素，几乎是纸的半成品。1997 年，瑞典人发现了这个秘密。从那以后，瑞典开始收集驼鹿粪便，然后把它变成美妙的浅棕色纸。这些纸散发着桦树芽的气味。

驼鹿粪便做成的纸品牌为：

驼鹿便便纸（MoosePooPoopaper）。

无论驼鹿对人类多么有益，它仍然有野性。在森林里遇到它们时，千万别试图去吸引驼鹿的注意。一旦驼鹿靠近人，竖起耳朵，低下头，角向前伸，就意味着它准备攻击了。在这种情况下，最好小心翼翼地远离它，不要背对着它。

一般来说，驼鹿看见人时会率先离开。

秋天，人们有时会把多余的苹果扔到树林里。这很受驼鹿欢迎！有时，它们吃多了发酵的水果，直接醉了。醉醺醺的驼鹿有时被困在树杈上，有时跑到路上吓唬司机。

瑞典、芬兰和加拿大都设有特殊路标，上面写着："小心，驼鹿！"

人们尊重驼鹿，甚至为它们制作了纪念碑和雕像。俄罗斯的维堡（列宁格勒州）就有一个著名的驼鹿雕像，用来纪念一头将迷路的猎人从狼群里救出来的驼鹿。当地人认为，拍拍驼鹿雕像的蹄子会让你的腿更加健康。

当然，驼鹿的蹄子并没有这样的功效，不过，维堡驼鹿的蹄子总是亮亮的……

其他城市也有驼鹿纪念碑，如俄罗斯的加里宁格勒、莫斯科，美国的费城、芝加哥，芬兰的赫尔辛基，加拿大的多伦多，以及其他几十个城市，都有驼鹿雕像！

为了纪念强壮的驼鹿，波兰人的轰炸机，瑞典和俄罗斯的越野汽车，甚至武器，很多都以驼鹿命名！

在俄罗斯、白俄罗斯、乌克兰、拉脱维亚、芬兰、德国、挪威、瑞典、加拿大、波兰等多个国家的90多个城市的市徽上，都有行走或站立的驼鹿形象。美国几个州的徽章上也有驼鹿形象。

徽章上的驼鹿象征着勇气和力量！
它们是真正的森林之王！

我们驼鹿喜欢交朋友，
但不要把你们的友情强加给
我们！

再见！在森林里要小心点！

动物园里的朋友们

本套书共三辑，每辑 10 册，共 30 册。明星作者以第一人称讲故事的形式，展现每个动物最与众不同、最神奇可爱的一面，介绍了每种动物的种类、生活环境、形态特征、生活习性等各方面。让孩子们足不出户也能了解新奇有趣的动物知识。

第一辑（共 10 册）

 我是企鹅
 我是狐狸
 我是刺猬
 我是老虎
 我是蝙蝠
 我是山羊

 我是松鼠
 我是狮子
 我是北极熊
 我是大熊猫

第二辑（共 10 册）

 我是海豚
 我是河马
 我是猫
 我是蛇
 我是长颈鹿
 我是驼鹿

 我是蚊子
 我是蝴蝶
 我是浣熊
 我是麝鼬

第三辑（共 10 册）

 我是小熊猫
 我是大象
 我是长尾猴
 我是斗牛犬
 我是考拉
 我是树懒

 我是袋熊
 我是蚂蚁
 我是老鼠
 我是臭鼬

图书在版编目（CIP）数据

　　动物园里的朋友们. 第二辑. 我是驼鹿 ／（俄罗斯）
纳·洛谢娃文；刘昱译. -- 南昌：江西美术出版社，
2020.11
　　ISBN 978-7-5480-7514-1

　　Ⅰ．①动… Ⅱ．①纳… ②刘… Ⅲ．①动物－儿童读
物②驼鹿－儿童读物 Ⅳ．①Q95-49

　　中国版本图书馆CIP数据核字(2020)第067960号

版权合同登记号　14-2020-0157

Я лось
© Loseva N., text, 2016
© Bestuzheva S., illustrations, 2016
© Publisher Georgy Gupalo, design, 2016
© OOO Alpina Publisher, 2016
The author of idea and project manager Georgy Gupalo
Simplified Chinese copyright © 2020 by Beijing Balala Culture Development Co., Ltd.
The simplified Chinese translation rights arranged through Rightol Media (本书中文简体版权经由锐拓
传媒旗下小锐取得Email:copyright@rightol.com)

出 品 人：周建森
企　　划：北京江美长风文化传播有限公司
策　　划：巴拉拉
责任编辑：楚天顺　朱鲁巍
特约编辑：石　颖　吴　迪　王　毅
美术编辑：童　磊　周伶俐
责任印制：谭　勋

动物园里的朋友们（第二辑）　我是驼鹿

DONGWUYUAN LI DE PENGYOUMEN (DI ER JI)　WO SHI TUOLU

[俄]纳·洛谢娃／文　[俄]索·别斯图热娃／图　刘昱／译

出　　版：江西美术出版社		印　　刷：北京宝丰印刷有限公司	
地　　址：江西省南昌市子安路 66 号		版　　次：2020 年 11 月第 1 版	
网　　址：www.jxfinearts.com		印　　次：2020 年 11 月第 1 次印刷	
电子信箱：jxms163@163.com		开　　本：889mm×1194mm 1/16	
电　　话：0791-86566274 010-82093785		总 印 张：20	
发　　行：010-64926438		ISBN 978-7-5480-7514-1	
邮　　编：330025		定　　价：168.00 元（全 10 册）	
经　　销：全国新华书店			